中华医学会灾难医学分会科普教育图书

图说灾难逃生自救丛书

化学品事故

丛书主编　刘中民

分册主编　邱泽武

绘　图

11m数字出版

人民卫生出版社

图书在版编目（CIP）数据

化学品事故 / 邱泽武主编．—北京：人民卫生出版社，2014

（图说灾难逃生自救丛书）

ISBN 978-7-117-18427-4

Ⅰ. ①化…　Ⅱ. ①邱…　Ⅲ. ①化学品－事故－自救互救－图解　Ⅳ. ①X928.5-44

中国版本图书馆 CIP 数据核字（2014）第 042191 号

人卫社官网	**www.pmph.com**	**出版物查询，在线购书**
人卫医学网	**www.ipmph.com**	**医学考试辅导，医学数据库服务，医学教育资源，大众健康资讯**

图说灾难逃生自救丛书

化学品事故

主　　编：邱泽武

出版发行：人民卫生出版社（中继线 010-59780011）

地　　址：北京市朝阳区潘家园南里 19 号

邮　　编：100021

E - mail：pmph @ pmph.com

购书热线：010-59787592　010-59787584　010-65264830

印　　刷：三河市宏达印刷有限公司（胜利）

经　　销：新华书店

开　　本：710 × 1000　1/16　**印张：**5.5

字　　数：105 千字

版　　次：2014 年 4 月第 1 版　2019 年 2 月第 1 版第 3 次印刷

标准书号：ISBN 978-7-117-18427-4/R · 18428

定　　价：29.00 元

打击盗版举报电话：010-59787491　E-mail：WQ @ pmph.com

（凡属印装质量问题请与本社市场营销中心联系退换）

丛书编委会

危险化学品千千万，时刻牢记要防范。
自救互救记心上，遇事沉稳保平安。

序　一

我国地域辽阔，人口众多。地震、洪灾、干旱、台风及泥石流等自然灾难经常发生。随着社会与经济的发展，灾难谱也有所扩大。除了上述自然灾难外，日常生产、生活中的交通事故、火灾、矿难及群体中毒等人为灾难也常有发生。中国已成为继日本和美国之后，世界上第三个自然灾难损失严重的国家。各种重大灾难，都会造成大量人员伤亡和巨大经济损失。可见，灾难离我们并不遥远，甚至可以说，很多灾难就在我们每个人的身边。因此，人人都应全力以赴，为防灾、减灾、救灾作出自己的贡献成为社会发展的必然。

灾难医学救援强调和重视“三分提高、七分普及”的原则。当灾难发生时，尤其是在大范围受灾的情况下，往往没有即刻的、足够的救援人员和装备可以依靠，加之专业救援队伍的到来时间会受交通、地域、天气等诸多因素的影响，难以在救援的早期实施有效救助。即使专业救援队伍到达非常迅速，也不如身处现场的人民群众积极科学地自救互救来得及时。

为此，中华医学会灾难医学分会一批有志于投身救援知识普及工作的专家，受人民卫生出版社之邀，编写这套《图说灾难逃生自救丛书》，本丛书以言简意赅、通俗易懂、老少咸宜的风格，介绍我国常见灾难的医学救援基本技术和方法，以馈全国读者。希望这套丛书能对我国的防灾、减灾、救灾工作起到促进和推动作用。

刘中民　教授

同济大学附属上海东方医院院长

中华医学会灾难医学分会主任委员

2013年4月22日

序　二

我国现代灾难医学救援提倡“三七分”的理论：三分救援，七分自救；三分急救，七分预防；三分业务，七分管理；三分战时，七分平时；三分提高，七分普及；三分研究，七分教育。灾难救援强调和重视“三分提高、七分普及”的原则，即要以三分的力量关注灾难医学专业学术水平的提高，以七分的努力向广大群众宣传普及灾难救生知识。以七分普及为基础，让广大民众参与灾难救援，这是灾难医学事业发展之必然。也就是说，灾难现场的人民群众迅速、充分地组织调动起来，在第一时间展开救助，充分发挥其在时间、地点、人力及熟悉周围环境的优越性，在最短时间内因人而异、因地制宜地最大程度保护自己、解救他人，方能有效弥补专业救援队的不足，最大程度减少灾难造成的伤亡和损失。

为做好灾难医学救援的科学普及教育工作，中华医学会灾难医学分会的一批中青年专家，结合自己的专业实践经验编写了这套丛书，我有幸先睹为快。丛书目前共有 15 个分册，分别对我国常见灾难的医学救援方法和技巧做了简要介绍，是一套图文并茂、通俗易懂的灾难自救互救科普丛书，特向全国读者推荐。

王一镗

南京医科大学终身教授

中华医学会灾难医学分会名誉主任委员

2013 年 4 月 22 日

前言

随着科学技术的进步，大量化学品不断涌现，既有力地推动了工农业生产向前迅速发展，也给人类的生活带来了极大便利。然而，在社会的现实生活中，危险化学品也不时地给人类带来了灾难性损害。

危险化学品是指具有毒害、腐蚀、爆炸、燃烧、助燃等性质，对人体、设施、环境具有危害的剧毒化学品和其他化学品。危险化学品的种类和数量极其多，在其生产、使用、运输及储存等任何一个环节中，均可造成人员的大量伤亡和财产的巨大损失。

如何防范危险化学品对人类的伤害及生存环境的影响？正确认识化学品的特性是关键，合理应用其有利因素，有效防范其不良因素，方可最大程度地减少和避免危险化学品造成的伤亡和损失。

为此，我们精心制作了《图说灾难逃生自救丛书：化学品事故》分册，希望通过我们的努力，让更多的人掌握逃生避险、自救互救的知识与方法。

衷心祝福广大读者平安、健康、幸福！

邱泽武

全军中毒救治专科中心主任

中国中毒与救治专业委员会秘书长

军事医学科学院附属医院中毒救治科主任

2014年3月11日

目　录

丹凤氰化钠泄漏事故

1999年7月，陕西省宝鸡市个体司机胡某与陕西省商洛市丹凤县四方金矿签订合同，从湖北省枣阳市金牛化工厂运输氰化钠到四方金矿。金牛化工厂主管销售的副经理张某，违规批准将10.33吨氰化钠发给对方，胡某后来私自雇用无运输危险品资质的邓某拉运氰化钠。

2000年9月29日凌晨2时50分左右，胡某等人由湖北省金牛化工厂拉运5.2吨剧毒物质氰化钠，行至陕西省商洛市丹凤县内时翻入铁峪河，其中5.1吨氰化钠泄漏至河道，大部分渗入河床。

事故发生后，国家环保总局火速派出环境监理人员和环境监测专家赶往事故现场。由于行动迅速，措施得力，将污染威胁基本控制在14千米以内。这次特大污染事故，造成直接经济损失1188万元，引起社会广泛关注。胡某、张某等相关责任人被判处有期徒刑。

认识危险化学品

化学品与人类社会息息相关，我们的衣食住行都依赖于化学产品。然而，在我们的生活和生产环境中，不时隐藏着一些会对人体造成伤害的化学品。认识和学习危险化学品的知识，能让我们科学地对待它们，既不要谈虎色变，也不要掉以轻心，让它们尽可能地为人类服务，而不是造成灾难。

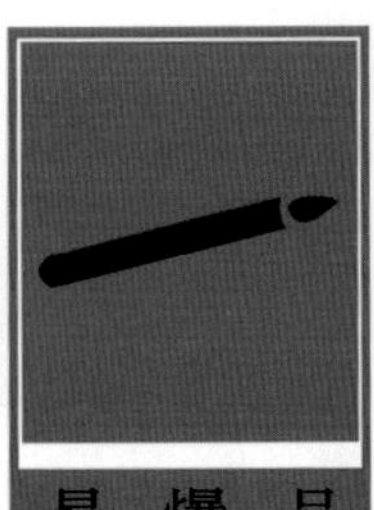

危险化学品是指具有毒害、腐蚀、爆炸、燃烧及助燃等性质，对人体、设施及环境具有危害的剧毒化学品和其他化学品。危险化学品可简单分为易制爆类、易制毒类、剧毒类、XZ 化学品、易燃易爆类。危险化学品更通俗的分类是指生活中和生产活动中的危险化学品。

如果您在任何场所看到以上的标识，即表明所处环境中有危险化学品。遵守危险化学品场所的各种规章制度，可以避免各种人为原因引起的化学品事故。违规操作是不少化学品事故发生的主要原因。

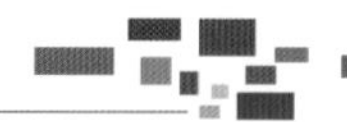

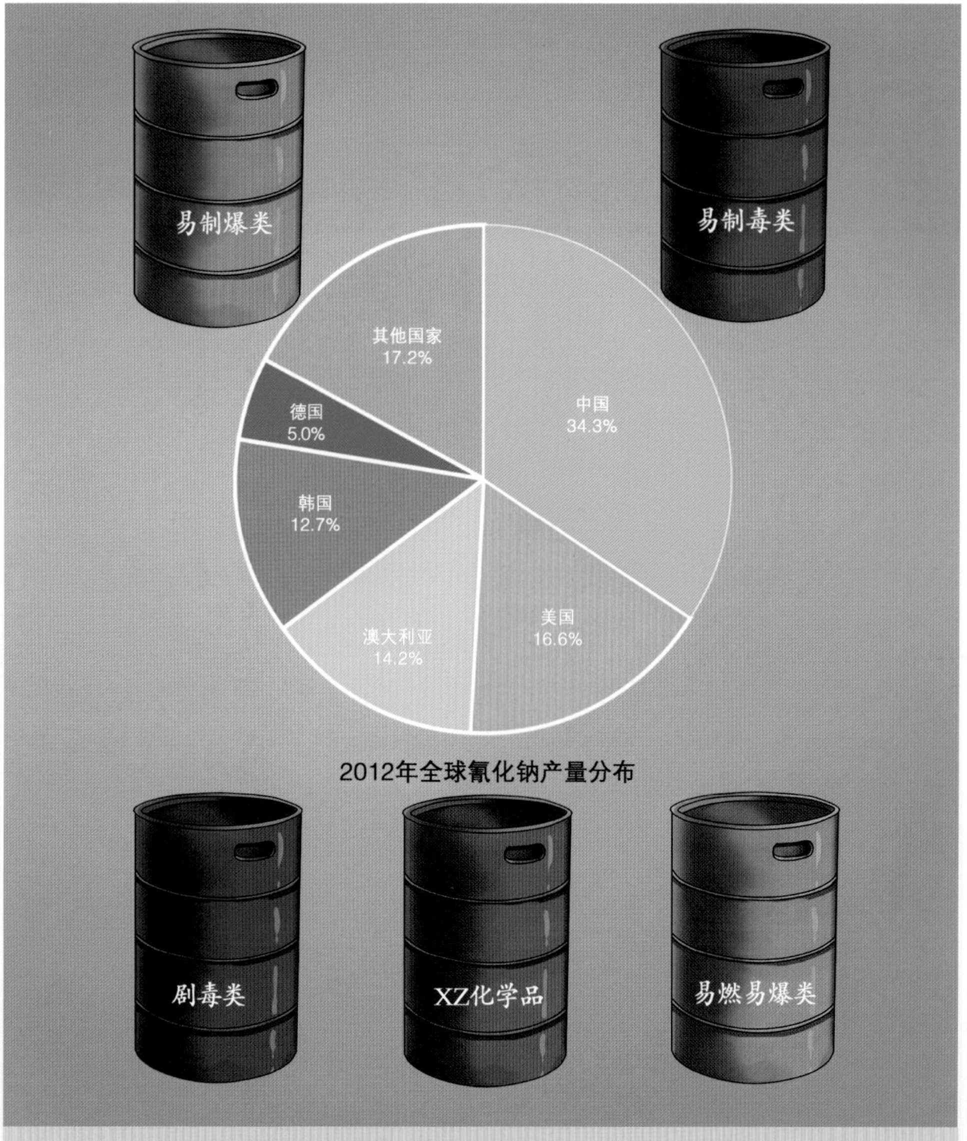

2012年全球氰化钠产量分布

易制毒类:是指可以作为原料或辅料而制成剧毒品的化学品,此类化学品根据《危险化学品安全管理条例》受到公安部门管制,如三氧化二砷。

剧毒类:是指有剧毒的化学品,通常此类化学品根据《危险化学品安全管理条例》受到公安部门管制,如氰化钾、氰化钠及三氯化磷等。

XZ 化学品:是指具有强烈毒性的化学品,比剧毒类化学品更强,通常具有一定的扩散性。此类化学品根据《危险化学品安全管理条例》受到公安部门管制,如氰化钾、氰化钠及砷酸等。

易制爆类：是指可以作为原料或辅料而制成爆炸品的化学品，通常此类化学品根据《危险化学品安全管理条例》受到公安部门管制，如硝酸钾、氯酸钾、硫及磷等。

易燃易爆类：是指国家标准 GB12268-90《危险货物品名表》中以燃烧爆炸为主要特性的压缩或液化气体、易燃液体和固体、自燃物品和遇湿易燃物品、氧化剂和有机过氧化物以及毒害品、腐蚀品中部分易燃易爆化学物品，如液化石油气、硝化甘油、火箭燃料和三硝基甲苯（TNT 炸药）。

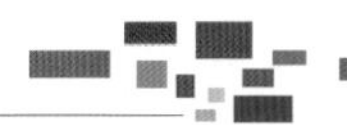

危险化学品在不同的场合，称呼是不一样的：生产、经营、使用场所中统称化学工业产品，一般不单称危险化学品；铁路、公路、水上和航空运输过程中，都称为危险货物；储存环节中，一般称为危险物品或危险品。当然，作为危险货物、危险物品，除危险化学品外，还包括其他一些货物或物品。危险化学品在国家法律法规中的称呼也不一样，如《中华人民共和国安全生产法》中称“危险物品”，《危险化学品安全管理条例》中称“危险化学品”。

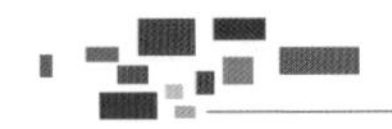

生活中的危险化学品

家庭中可能找到的危险化学品有：石油气、液化气、煤气、各种化学农药、硫酸（洁厕剂）、酒精和汽油等。

家庭中的危险化学品应该放置在幼童不能接触到的地方。

切记：不要用生活用具盛装危险化学品，避免误食、误服或误饮酿成惨剧。

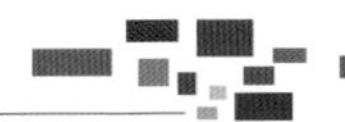

公共场合可能存在的危险化学品：压缩氧气、酒精（医院）、汽油和氨气、煤气等。

当身处陌生场所时，要留意一些特殊标识，一旦提示存在危险化学品时，一定要遵守危险化学品的安全规则，例如不要在医院的高压氧气瓶前吸烟，以免引起爆炸。

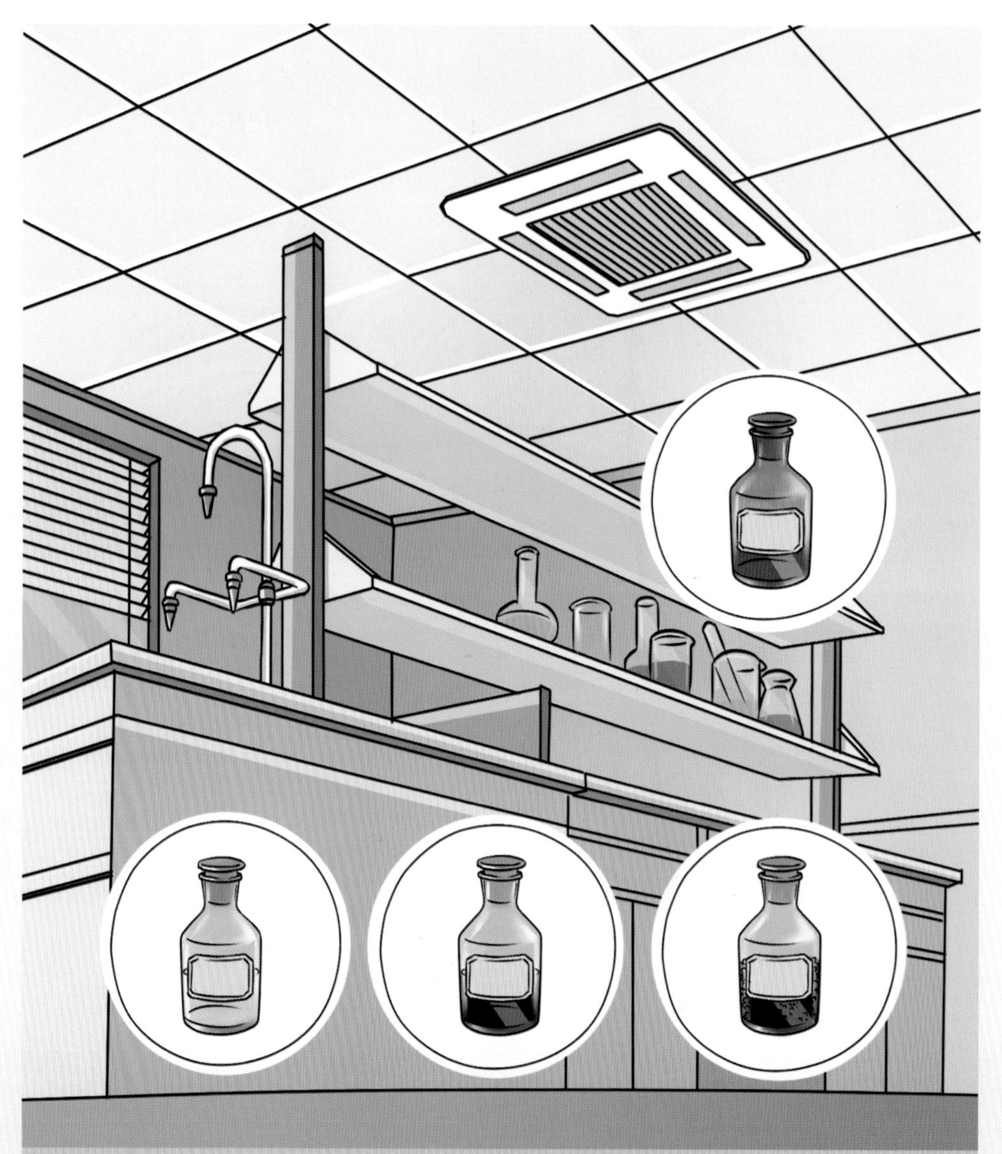

此外，学校实验室中也存在各种易燃易爆、有毒的危险化学品，例如硫酸、盐酸、硝酸、氢氧化钠和氢氧化钾等。

学生应严格遵守化学实验室的各种规章制度，以免发生意外。

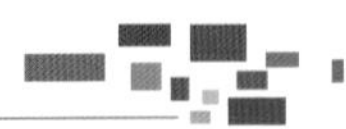

生产活动中的危险化学品

在国家安全生产监督管理总局公布的《危险化学品名录》中，将危险化学品分为 8 大类，生产活动中应用的各类化学品几乎都被囊括其中。

危险化学品的毒性

当危险化学品泄漏，有毒物质进入人体后，即能与细胞内的重要物质，如酶、蛋白质、核酸等作用，从而改变正常细胞内组分的含量及结构，破坏细胞的正常代谢，导致机体功能紊乱，造成中毒。

各种有毒物质的危害状态不同，中毒的途径也不同。如受污染的空气可经呼吸道吸入和经皮肤吸收中毒；毒物液滴可经皮肤渗透中毒，如沙林液滴落到皮肤上很容易渗入皮肤之中；误食、误饮染毒食物或水，即可经消化道吸收中毒。由于各种有毒物质的理化特性不同，能产生不同的中毒症状，造成不同的伤害效应，如沙林、苯、有机磷农药和氯代烃等神经性毒物，可经呼吸道、皮肤途径毒害神经系统；氯气、二氧化硫、氨气和硫酸酯类等毒物，可经呼吸道吸入而导致呼吸系统中毒；一氧化碳、硝基苯和氢氰酸进入人体后会造成血液系统毒害（即全身性中毒）。

化学品事故逃生自救

日常通过网络、报刊、电视等各种途径的学习，积累危险化学品事故的逃生自救方法，面对危险时才能尽可能地拯救自己和帮助他人。这部分内容介绍一般性的原则，包括各种生活和生产活动中遇到的化学品事故。当化学品造成人体严重损伤时，请及时就医。

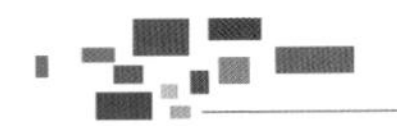

在各种场合、时间条件下均可能遭遇突发的化学品事故，掌握一定的逃生避险和自救知识很有必要。那么在一些常见的情景中，我们该怎么做呢？我们在介绍常见化学品事故逃生自救的一般原则和方法前，强调要根据具体的化学品事故和当时环境灵活使用这些原则和方法，才能将灾害和损失降到最低程度。

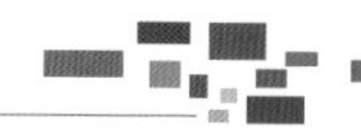

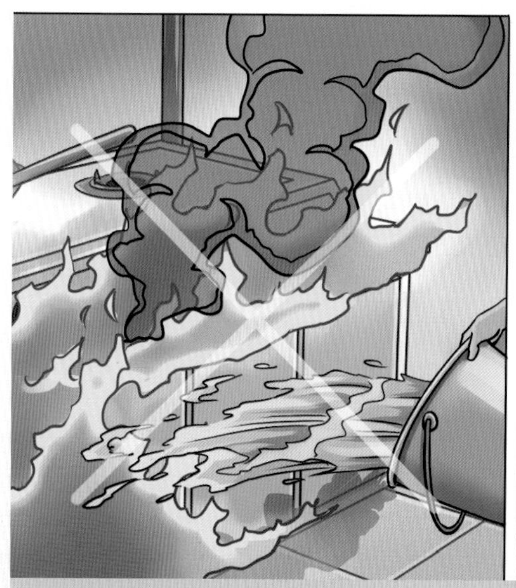

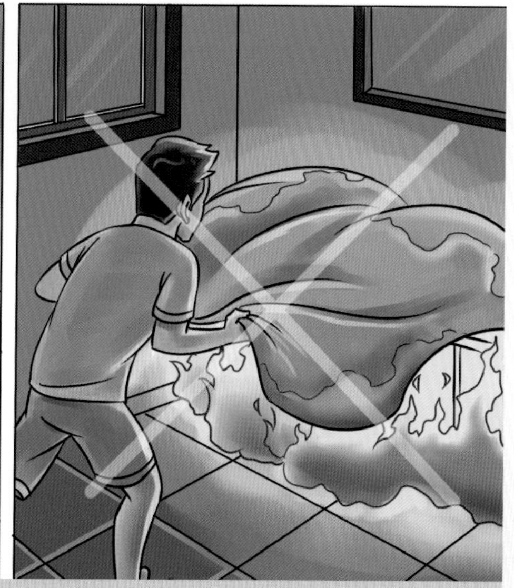

居家

●易燃化学气体如煤气、天然气发生泄漏时，应迅速打开门窗通风，尽可能关闭气体管道切断其来源。易燃化学液体如汽油、煤油等发生泄漏时，应隔绝火源，设法关闭泄漏源，用吸水性物件擦拭、清除。万一发生燃烧，最好用干粉灭火器扑灭，如火势失控，应及时报警并迅速撤离。

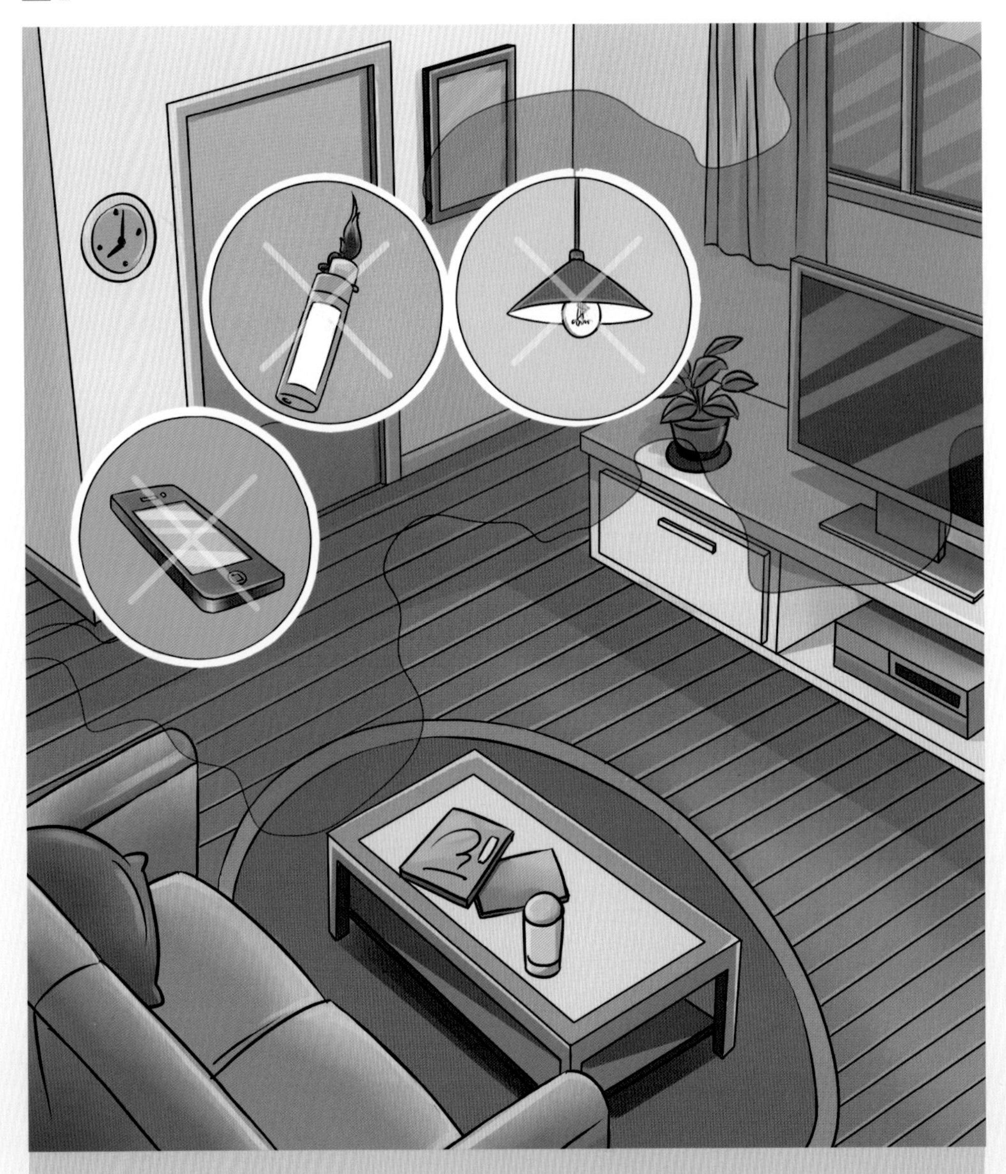

若泄漏时间过长、气体浓度过大或现场情况不明，应远离现场后报警，请专业人员处置。

切不可在现场打电话、点烟及开灯等，以免引起燃烧、爆炸。

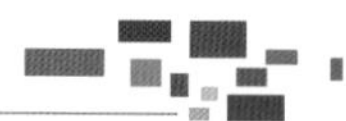

公共场所

●在商场、电影院以及超市等人多的公共场所，应留心当前位置及安全通道。一旦遭遇化学品事故，不可挤乘电梯，应从安全通道迅速有序离开。小提示：养成良好的习惯，当进入陌生建筑时，留意安全通道的方位。

●严禁携带危险化学品乘坐公交车、地铁、火车、轮船和飞机等交通工具。

学校

●如在学校遭遇化学品事故，师生首先应迅速撤离至操场等开阔地带。待条件允许时，在老师或专业人员的带领下全体师生可再移至更安全的场所，如上风向安全场所。

注意：撤离时要遵守秩序，不要因盲目慌乱而降低撤离的效率，甚至因踩踏而导致伤害的发生。

城市道路

●在城市道路、高速公路等处遭遇化学品事故(此类事故多见于载货车辆倾覆、燃爆等)时,现场人员应迅速远离事故发生地,报警通知专业人员,不可盲目封堵、灭火或抢救货物。如可能,可在事故点两端适宜位置设立警示标志,避免更大伤亡。

化学品仓库

●在工厂、仓库等储存大量化学工业原料的场所，一旦发生危险化学品事故，应紧急向上风向地区撤离，受伤人员尽可能在撤离后再行救治。

需要强调的是，储存大量化学工业原料的场所一旦发生化学品事故，由于化学物质浓度高，可能会造成周围一定面积的污染，必要时要安排附近居民及时撤离。

隧道

●在隧道内，应迅速判断发生事故的方位，从有毒有害物质扩散的相反方向远离事故现场。

危险化学品毒害大，事故发生后，一些有毒有害物质会迅速在隧道内扩散，有些危险化学品含有剧毒，并且很可能向隧道外以及下风向流动扩散，在短时间内危害范围即可波及整个隧道，对人员、环境危害极大。因此，隧道内发生化学品事故后，要及时撤离。

地下场所

在较封闭的场所，如地下车库、隧道和地铁站等，一旦发生化学品事故，应听从工作人员的指挥有序撤离。

●在地下车库时，可开启车内空气循环，启动车辆从出口离开。如无法启动车辆，不可留在车内躲避或使用电梯，应从安全通道撤至地面。

●在地铁站时，应从楼梯有序离开现场，尽量避免使用电梯，避免拥挤踩踏。

地铁车站人流量较大，发生化学品事故时，要封锁现场，严禁其他无关人员进入。

地铁工作人员平时要组织演练，熟练掌握应急事故发生后的人群疏散方法。

据报道，美国华盛顿的地铁系统已经开始安装有毒化学品探测器，并且最终将在整个华盛顿地区建立一个全新的高科技早期预警系统。

高楼

●高楼发生化学品事故时，邻近现场及以下楼层的人员应用湿毛巾或衣服保护口鼻并从楼梯向下撤离。如处于较高楼层，可用湿物填塞门缝间隙，携带湿衣物、毛巾等撤退至窗边，挥舞标志物或大声呼喊寻求救援。撤离过程中不可乘坐电梯。

由于化学品的理化特性，在发生泄漏时容易出现挥发、燃爆，使其影响范围增大，应注意事故现场的气味、颜色。

常见有毒气体的物理特性：①氯气：黄绿色，有刺激气味；②氨气：无色，有强烈刺激气味；③硫化氢：无色，有臭鸡蛋气味；④天然气：无色，有轻微臭味；⑤二氧化硫：无色，有刺激气味。

化学品事故发生区域及周边地带，如未确认危险已排除，应慎重使用周围可能已被污染的水源，避免接触可能沾染了化学品的物体。应听从专业人员或救援组织的指挥，以确保安全。

发生化学品事故时，要避免以下几种常见的错误做法：

发现被遗弃的化学品时

●错误做法 1：带回家。

正确处置：应立即拨打报警电话，说清化学品的具体位置、包装标志、大致数量以及是否有气味等情况。

●错误做法2：在周围逗留、闲逛，围观讨论。

一些易挥发的危险化学品可与空气混合形成爆炸性混合物，遇微弱火源即会发生燃烧、爆炸。

正确处置：立即在事发地点周围设置警示标志，严禁吸烟，以防发生火灾或爆炸。无关人员尽快撤离现场。

遇到危险化学品运输车辆发生交通事故时

●错误做法：围观。

正确处置：相关人员及行人应尽快离开事故现场，撤离到上风向位置，并立即拨打报警电话。其他机动车驾驶员要听从工作人员的指挥，有序地通过事故现场。

居民小区施工过程中挖掘出有异味的土壤时

●错误做法:开窗通风,驱散异味。

正确处置:应立即拨打当地区(县)政府值班电话说明情况,同时在其周围拉上警戒线或竖立警示标志。在异味土壤被清走之前,不要开窗通风。

化学品事故现场处理

近年来，日常生活和工农业生产中发生的化学品事故屡见报道。如果您不幸身处现场并受到了伤害，如何正确处理非常重要。处理不当，不但无法自救、互救，还可能加重损伤。

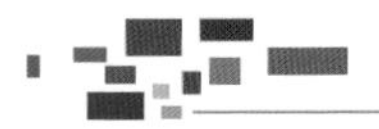

强酸、强碱都属于腐蚀剂，误服后可造成严重的食管化学性灼伤。

常见的强酸有硫酸、硝酸和盐酸。

常见的强碱有氢氧化钠、氢氧化钾等。

避免直接接触强酸、强碱及其他具有腐蚀性的化学品；如有必要，应戴上化学保护手套。

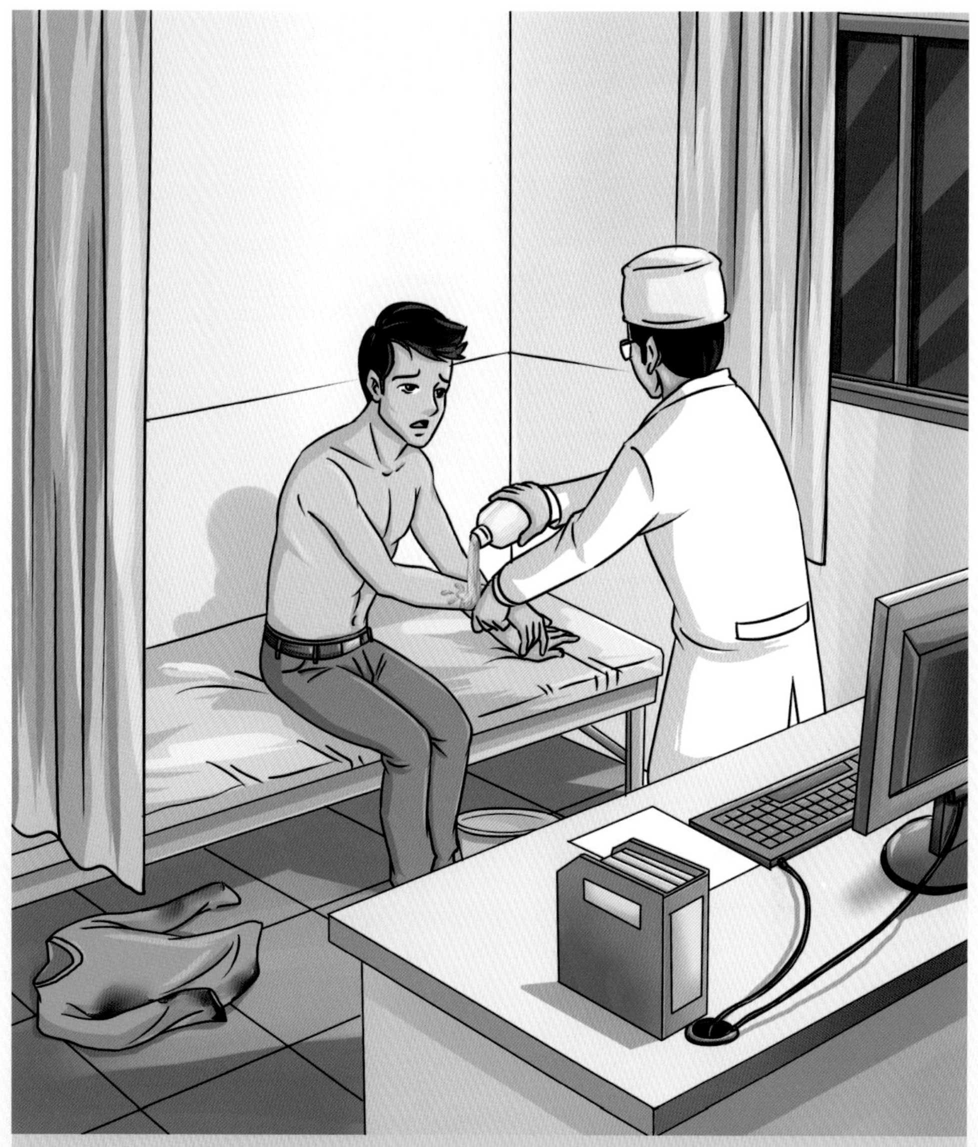

如果皮肤接触到硫酸，该怎么办

应将被硫酸污染过的衣物、鞋子和其他皮制品（如手表带、皮带）除去。皮肤直接接触稀硫酸时，立即用大量冷水冲洗至少 20 分钟，然后用 3%～5%Na_2CO_3 溶液冲洗。如果伤者仍感到刺热疼痛，则要继续冲洗。

皮肤直接接触浓硫酸时，先用干抹布拭去（不可先冲洗），然后用大量冷水冲洗剩余液体，再用 Na_2CO_3 溶液涂于患处，最后用 0.01% 苏打水（或稀氨水）浸泡。针对以上两种情况，均需在紧急处理的基础上送医院进一步处理。

如果眼睛接触到硫酸,该怎么办

尽快用温水轻轻冲洗接触到硫酸的眼睛至少 20 分钟,过程中要保持眼睑打开。条件允许,应尽快使用生理盐水冲洗,冲洗过程不要中断。如果有必要,让救护车在外等待。特别注意的是,冲洗过程中,不要让冲洗眼睛的水溅到未被污染的眼睛或脸上。如果伤者仍感到刺热疼痛,则要反复冲洗,并尽快将伤者送到医院急救。

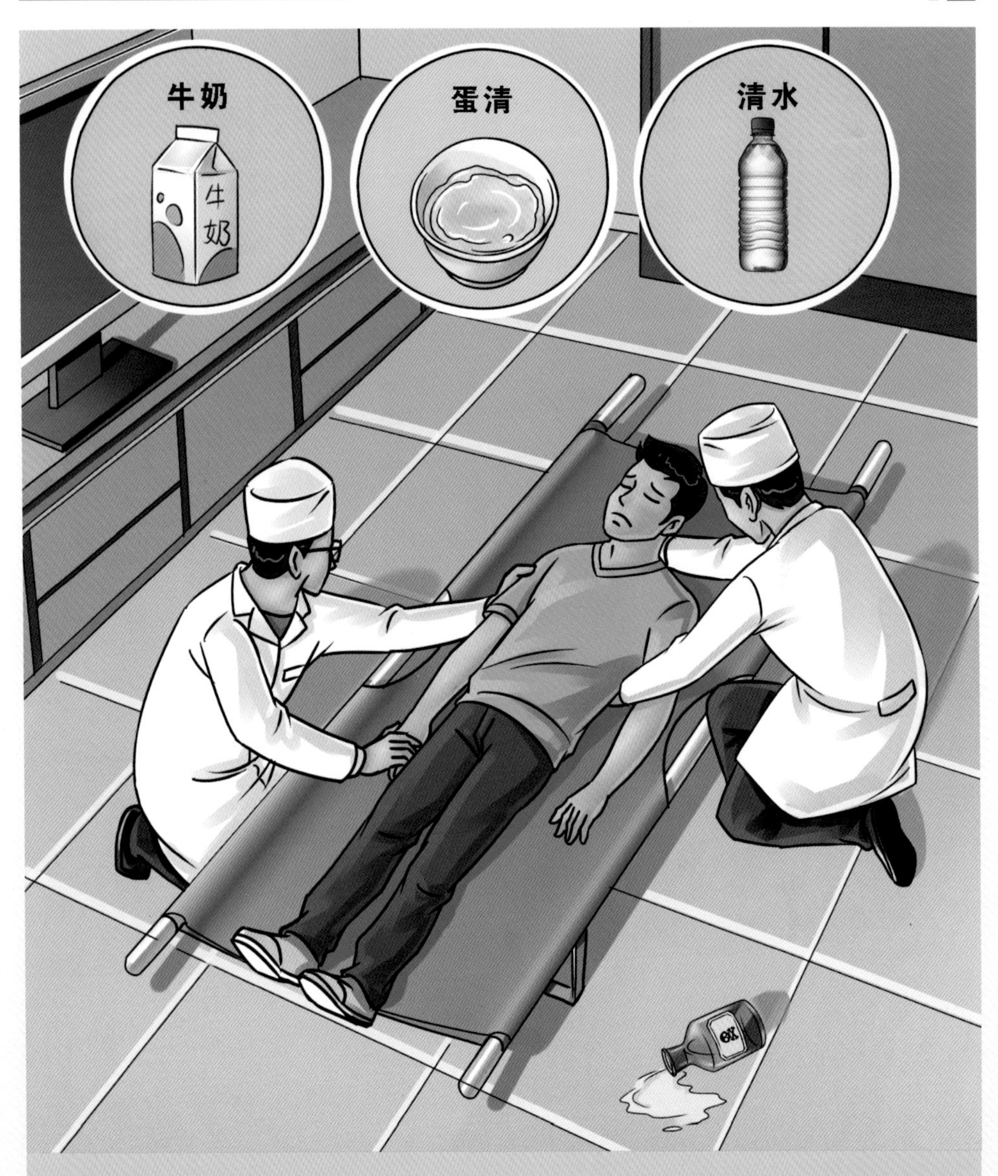

如果吞食了硫酸，该怎么办

当受害者失去意识、不省人事或正在抽搐时，切忌往受害者嘴里送任何东西。若清醒，用水彻底地冲洗受害者的口腔。谨记：不要诱导受害者呕吐。让受害者喝下 240~300 毫升的水，用以稀释胃部的硫酸。如果有牛奶或蛋清的话，可以在受害者喝水后让其喝下。如果呕吐自发性地发生，则要反复给受害者喝水，并且尽快将受害者送到医院急救。

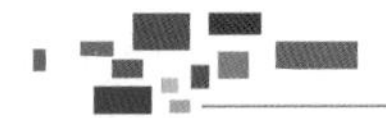

家里有强酸、强碱时，要用专门的容器盛装，放置在高处且孩子接触不到的地方。不要用饮料瓶或日常饮用器具盛放强酸、强碱溶液，以免误服。

如果遇到孩子误服强酸、强碱等有腐蚀性的液体，可以给孩子喝一些鸡蛋清和牛奶，这些东西可以稍微中和一下酸碱度，也能对消化道形成一层保护膜，减少损伤。随后，要马上送孩子到医院就诊，以免耽搁时间让病情加重。

硫酸泄漏，可以用石灰中和处理。救援人员应立即封锁交通，在事故路段周围200米处设立警戒区域，禁止无关车辆和人员进入。一方面，救援人员应及时堵漏，防止继续泄漏；另一方面，救援人员应用水对泄漏的硫酸进行冲洗、稀释。

救援人员应及时组织硫酸泄漏事故范围内的所有人员疏散，疏散工作要有序进行，确保被疏散人员的安全。对现场受伤人员，要及时进行抢救，并迅速由医疗急救单位送医院救治。

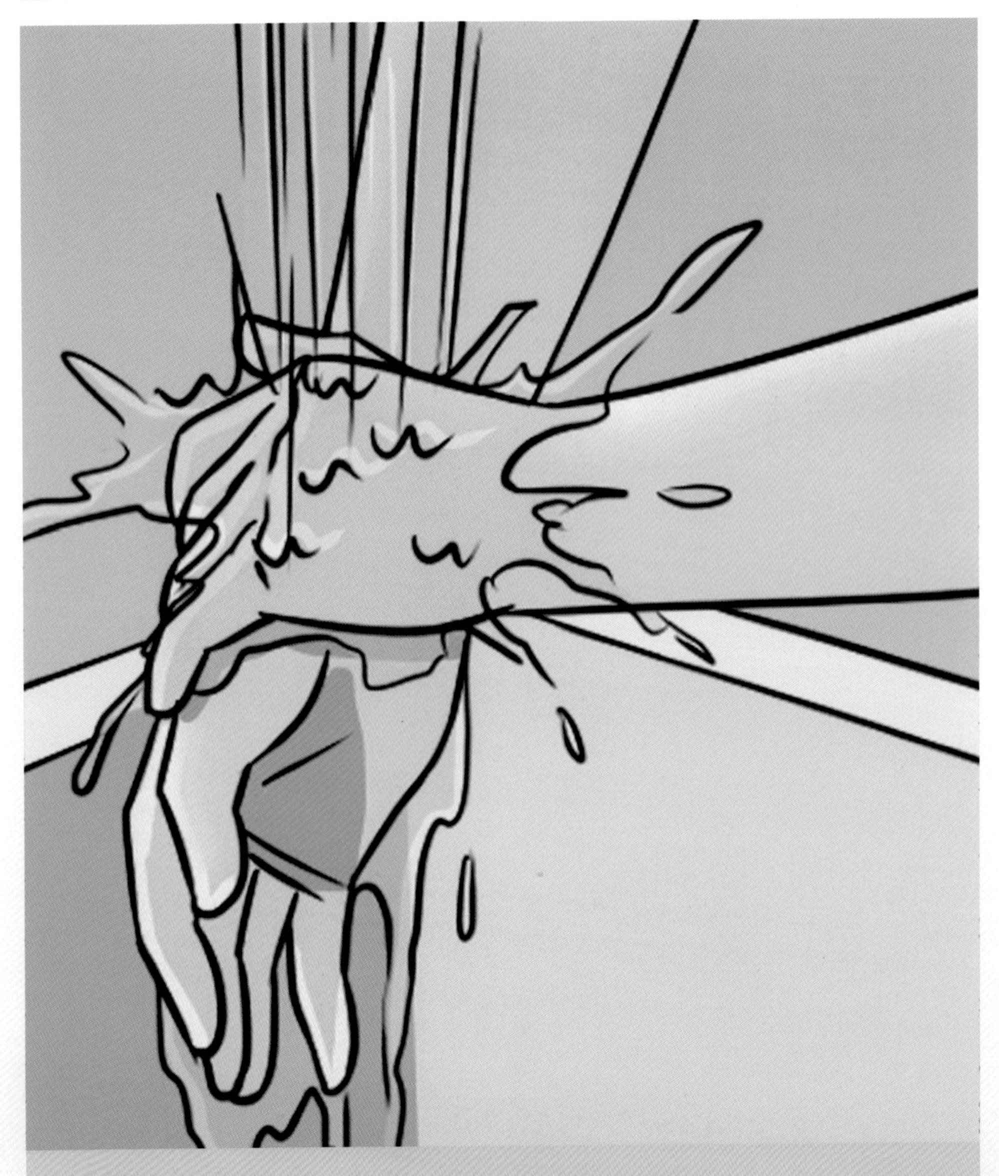

碱性化学品中毒

(1)吞食后，迅速给受害者服用食醋、橘子汁等，同时拨打急救电话，等待救援人员。

(2)沾着皮肤后，立刻脱去衣服，用水冲洗至皮肤不滑为止。接着用经水稀释的醋酸或柠檬汁等进行中和。

(3)进入眼睛时，撑开眼睑，用水连续冲洗至少20分钟。

农药中药

农药进入人体发生中毒的途径主要有三种：经口通过消化道进入；经皮通过皮肤吸收；经鼻通过呼吸道吸入。因此，防止农药中毒事故的主要措施都应针对这三种中毒途径，要尽可能防止农药从口、鼻、皮肤进入人体。其中重点应防止皮肤污染，因为无论是取药、配药、喷药，还是在田间行走时，手脚等暴露的皮肤和身上的衣服都会接触到农药，皮肤接触农药面积大、接触概率高，是农药入侵中毒的主要途径。

正确使用农药，选用高效低毒农药。挑选和培训施药人员。新农药使用前要组织培训，让施药人员了解其特点、毒性、施用方法、中毒急救等知识。

做好个人防护。配药和施药人员在接触农药过程中，使用必备的防护用品，是防止农药进入体内引发中毒的必要措施。

安全、准确地配药和施药。施药前应检查药械，先用水试过喷雾器，遇喷头被堵塞，不可用口去吸或吹，而要用草棍捅开。喷雾器不要装得太满，以免药液泄漏。当天配好的药液，当天用完。

做好施药善后工作。施药后要做好个人卫生、药械清洗和废瓶处理。个人要尽快用肥皂和清水洗脸、洗澡，然后更换衣物。被农药污染的衣服和手套等，应及时洗涤，妥善放置，以免危害家人、污染环境。

施药后的药械应在不会污染饮用水源的地方洗净。盛放过农药的瓶、罐、袋、箱均应如数清点、集中处理或上交，绝对不能用来盛放粮食、油、酒等食品和饲料。施过药的田块或果园应竖立警告牌，提醒人们在一定时间内不要进入，也不要让家禽、家畜等进入。

●常见的农药中毒途径

(1)职业性中毒：在生产、运输、保管以及使用过程中未能按操作规程处置，农药通过消化道、呼吸道或皮肤侵入人体而中毒。

(2)生活性中毒：误将有机磷农药当或食物、调料；吃被农药毒死的禽畜肉，以及被污染的瓜果、蔬菜；服农药自杀或故意放毒而致他人农药中毒。

(3)小儿中毒：喂养婴儿的母亲接触有机磷农药后，小婴儿可经母乳中毒；因玩耍农药包装物，或接触被农药污染的玩具、工具、衣服、瓜果、蔬菜等而中毒。

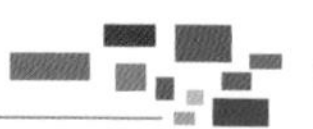

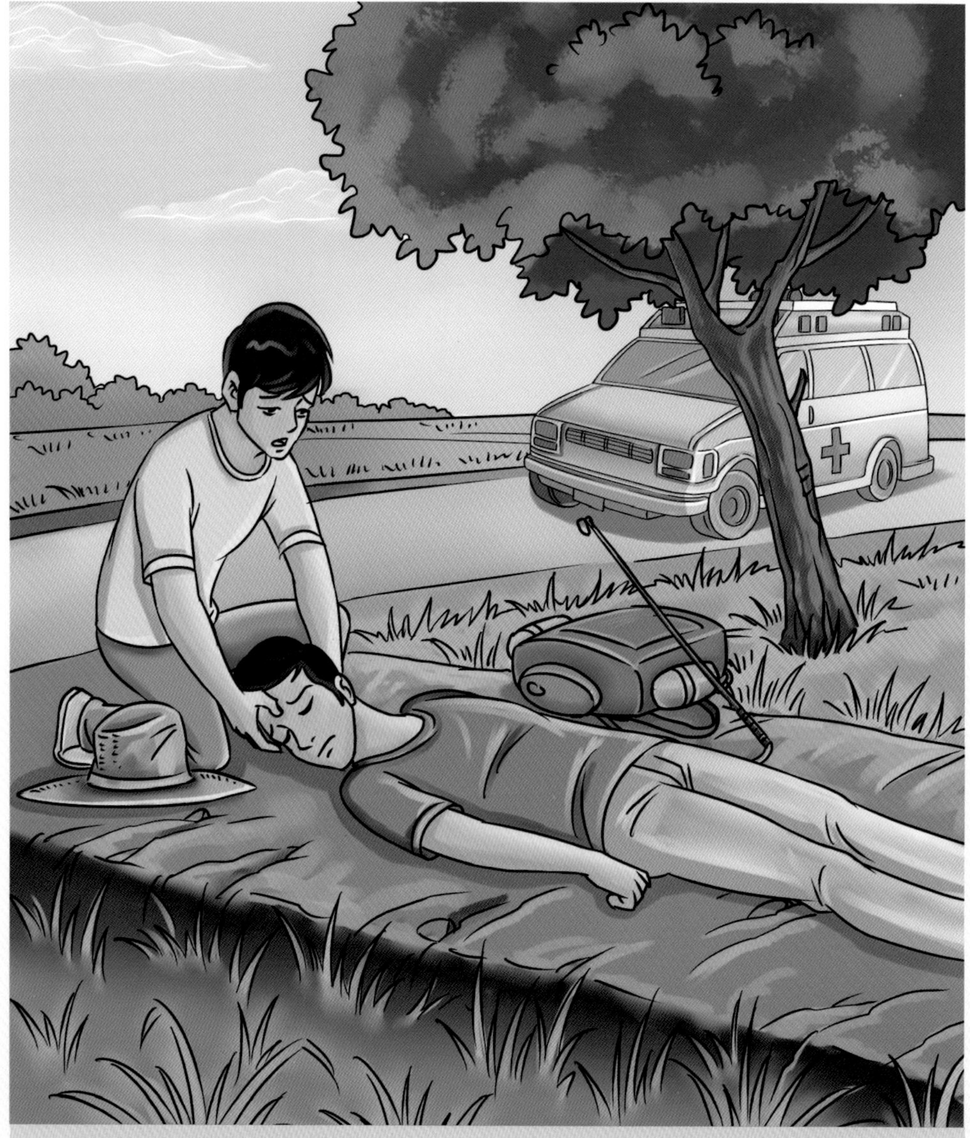

●农药中毒的急救原则

(1)迅速将中毒者脱离中毒现场,立即脱去被污染的衣服、鞋帽等。

(2)口服中毒者应尽早催吐及洗胃。用清水或 1∶5000 高锰酸钾溶液(对硫磷中毒时禁用)或 2% 碳酸氢钠溶液(敌百虫中毒时禁用)洗胃。

(3)清洗被污染的头发、皮肤、手、脚、眼和外耳道等。

(4)呼吸困难者应立即吸氧,或用呼吸机辅助呼吸,必要时行气管切开。

(5)及时送医院救治,应用解毒剂。

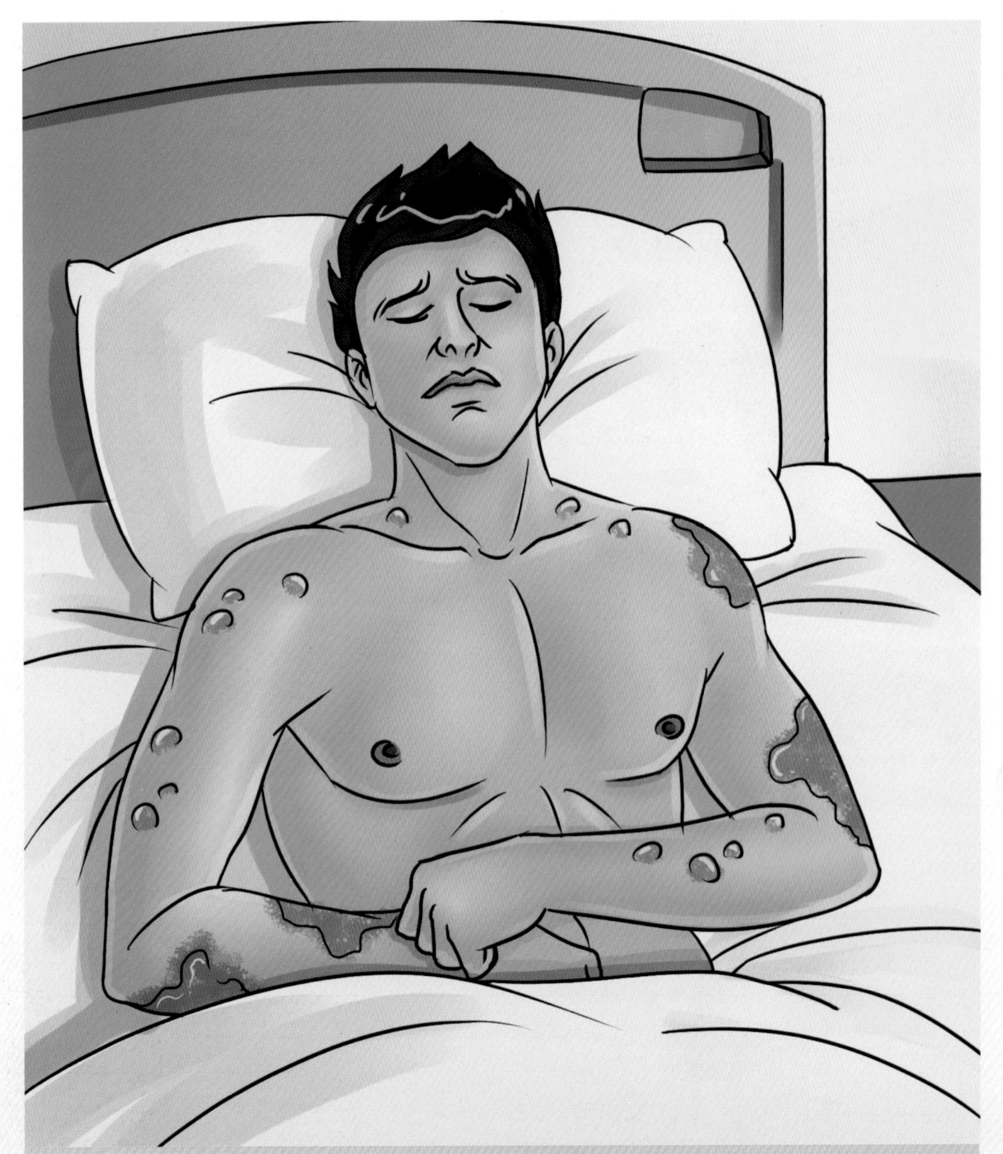

芥子气中毒

芥子气为糜烂性毒剂，对眼、呼吸道和皮肤都有毒性作用。皮肤接触能引起红肿、起疱以致溃烂。芥子气对人体的会阴部、腋下、颈部皮肤影响最大，特别是对男性生殖器官的皮肤影响尤其大。眼接触可致结膜炎、角膜混浊或形成溃疡。吸入可损伤上呼吸道，高浓度可致肺损伤，重度损伤表现为咽喉、气管、支气管黏膜坏死性炎症。芥子气中毒严重可引起死亡，国际癌症研究中心（IARC）已确认其为致癌物。

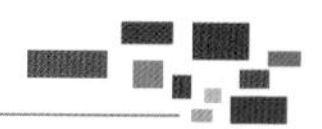

工人在作业中发现、挖出不明物体，一定要封闭现场，避免接触，立即报告地方政府。如果被不明液体喷溅到衣服，一定要把接触的衣服脱掉。喷溅到液体的皮肤，要在第一时间用棉花、吸水的布放在皮肤上吸，千万不要擦拭。如果条件不允许，就用干净的沙子吸干，然后再用肥皂水冲洗。如果确认是毒剂，在冲洗之后要到医院请专业医生处理，切记不要直接冲洗或擦拭。不要挑破皮肤水疱，因为水疱内的脓液可能有毒，要直接去医院处理。

硫化氢中毒

硫化氢为无色、有腐蛋臭味的窒息性气体，常存在于废气、含硫石油，以及下水道、隧道中。含硫有机物腐败也可产生硫化氢气体。在阴沟疏通、河道挖掘、污物清理等作业时常会遭遇高浓度的硫化氢气体，在密闭空间中作业情况更为突出。如防范不当，极易造成人员伤亡。

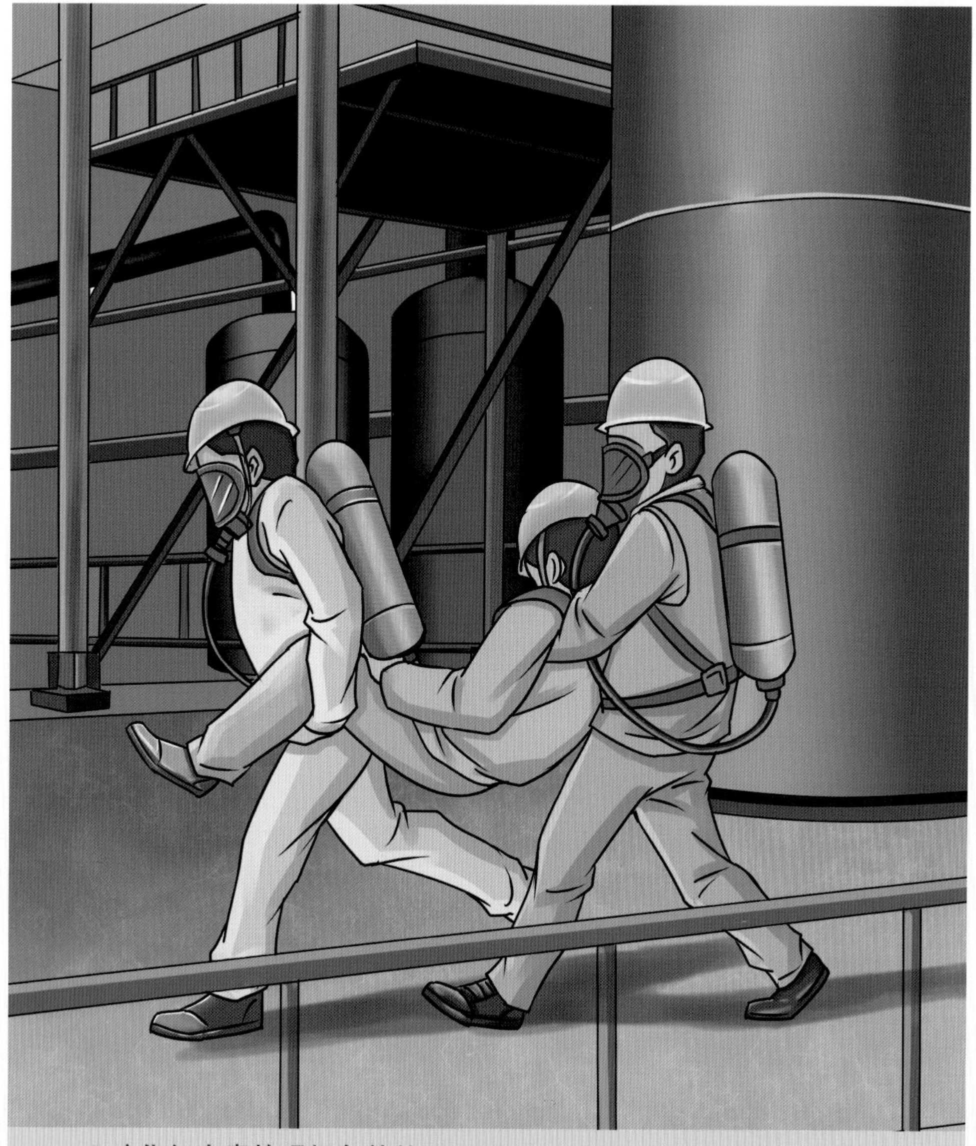

●硫化氢中毒的现场急救处理

(1)使中毒者迅速脱离中毒现场至空气新鲜处,有条件时给予吸氧,保持呼吸道通畅。应让中毒者保持安静,卧床休息,注意为其保暖,医生应严密观察其病情变化。

(2)呼吸心跳骤停者,立即进行心肺复苏,而后迅速送往医院。

(3)有眼部损伤者,应尽快用清水反复冲洗,而后迅速送往医院。

(4)救援人员必须佩戴个人防护器进入中毒环境,并在危险区外预留监护人员,做好一切救护准备,以尽可能减少人员中毒或伤亡。

甘肃兰州硝酸泄漏事故

2010 年 12 月 6 日中午 12 时 20 分许，在高速公路 G22 线 1872 段（天一山庄门口），一辆满载 15 吨浓硝酸的罐车进入弯道后冲出路基，翻入路旁便道，并爆炸起火，事故造成 1 人当场死亡，3 人受伤。

大量的浓硝酸顺着路基倾泻而下，浓硝酸所到之处冒起了白色的烟雾。事故发生后，兰州市消防支队紧急赶赴现场处置，消防官兵用土、石块、杂物进行堵截，硝酸流过的土层已经发生反应，不时冒着白色气泡，如同岩浆慢慢移动。为保证周围群众的生命安全，附近上百居民被紧急疏散。经过 4 个多小时的处理，事故得到有效控制，避免了黄河水遭受污染。

危险化学品工业安全

在这一部分里，我们继续介绍工业生产安全中有关的化学品事故。很多化工产业关系到国计民生，只要科学地生产和利用化学品，就能造福人类。然而，不遵守安全生产守则所引发的各种灾难层出不穷，化学品生产、存储、运输等各个环节都不能松懈，应把安全生产制度贯彻到底、执行到底。

危险化学品仓库保管员

危险化学品仓库保管员应熟悉本单位储存和使用的危险化学品的性质、保管业务知识和有关消防安全规定。

危险化学品仓库保管员应严格执行国家、省、市有关危险化学品管理的法律法规和政策，严格执行本单位的危险化学品储存管理制度。

严格执行危险化学品的出入库手续，对所保管的危险化学品必须做到数量准确、账物相符和日清月结。

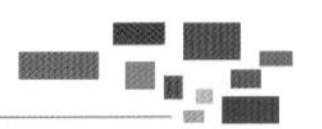

按照消防的有关要求对仓库内的消防器材进行管理，定期检查、定期更换。

定期对库房进行通风，通风时不得远离仓库，做到防潮、防火、防腐和防盗。

对因工作需要进入仓库的职工进行监督检查，严防原料和产品丢失。

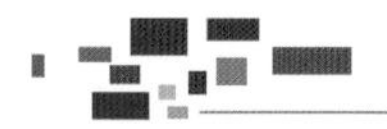

对危险化学品按法律法规和行业标准的要求分垛储存、摆放，留出防火通道。

正确使用劳保用品，并指导进入仓库的职工正确佩戴劳保用品。

定期对仓库内及其周围的卫生进行清扫。

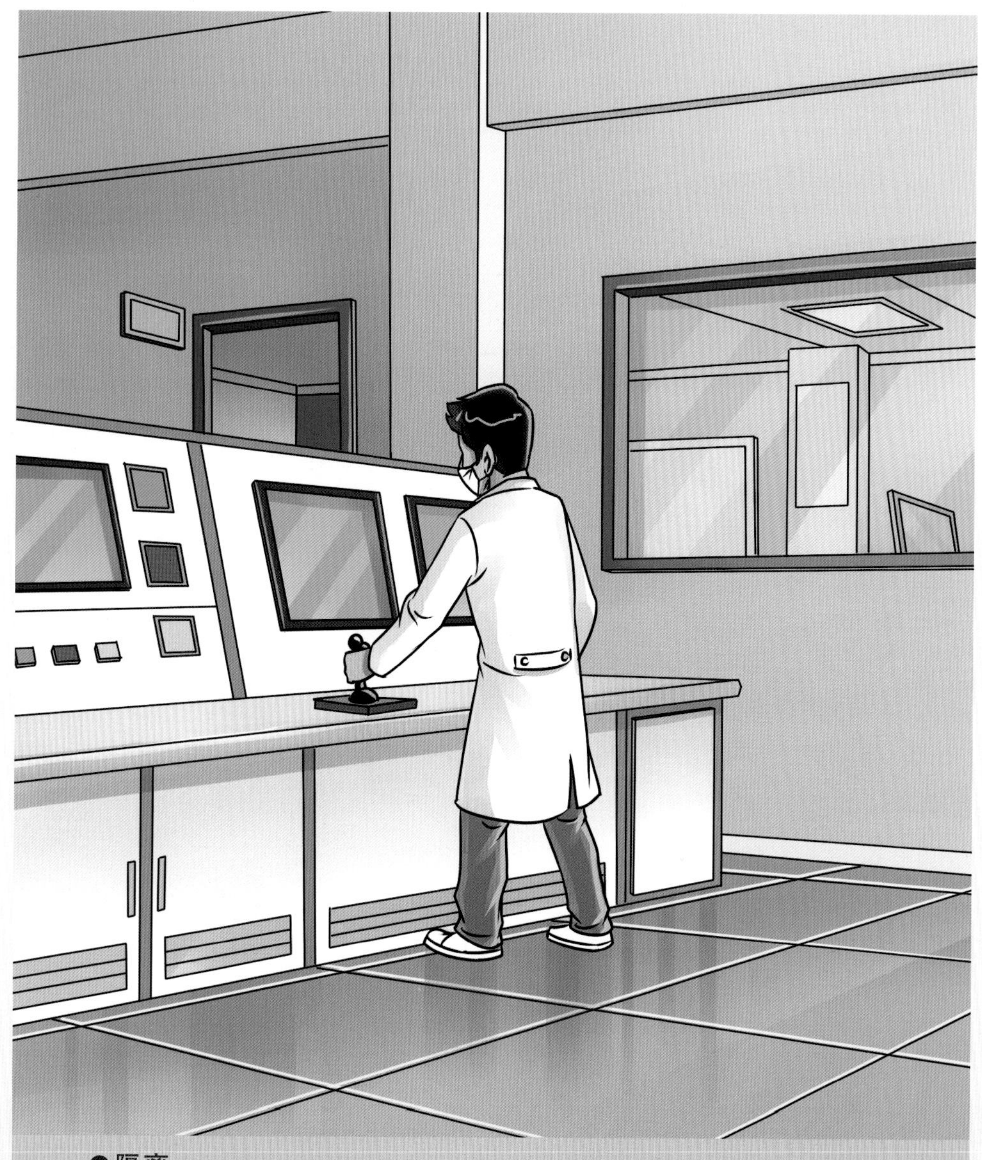

●隔离

隔离就是通过封闭、设置屏障等措施，避免作业人员直接暴露于有害环境中。最常用的隔离方法是将生产或工作中使用的设备完全封闭起来，使工人在操作中不接触化学品。

隔离操作是另一种常用的隔离方法，简单地说，就是把生产设备与操作室隔离开。最简单的形式是把生产设备的管线阀门、电控开关放在与生产地点完全隔开的操作室内。

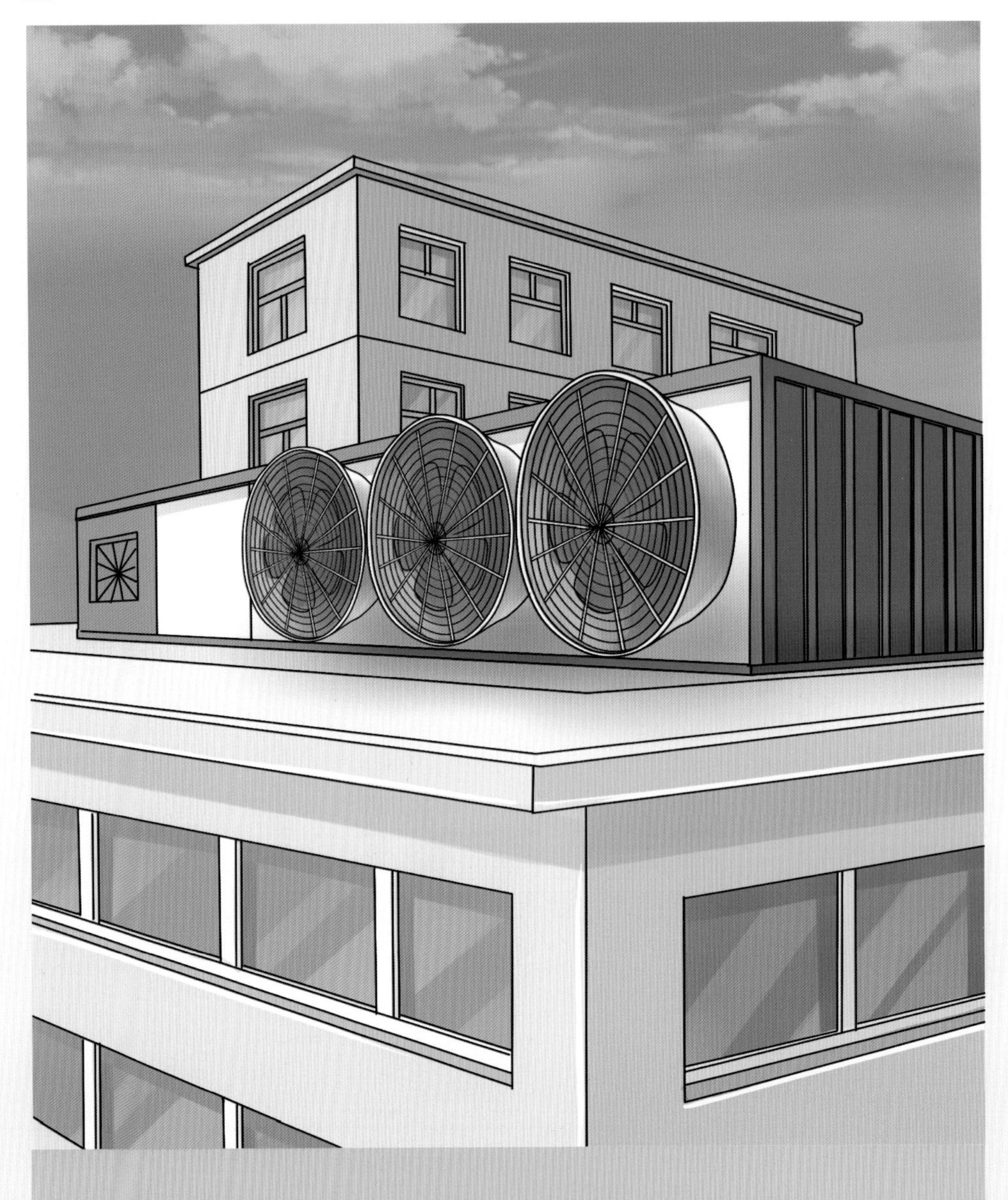

●通风

通风是控制作业场所中有害气体、蒸气或粉尘最有效的措施。

借助于有效的通风，使作业场所空气中有害气体、蒸气或粉尘的浓度低于安全浓度，保证工人的身体健康，防止火灾、爆炸事故的发生。

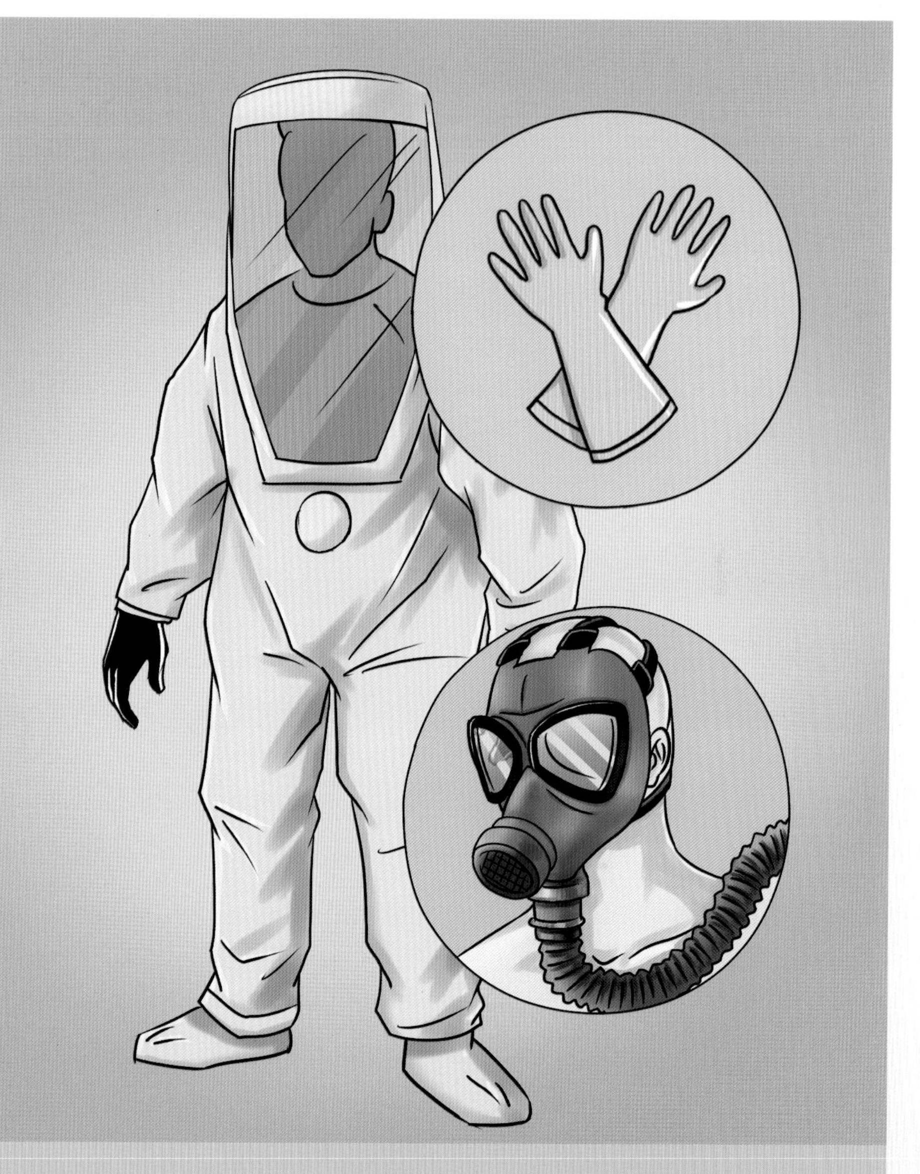

●个体防护

当作业场所中有害化学品的浓度超标时，工人就必须使用合适的个体防护用品。个体防护用品既不能降低作业场所中有害化学品的浓度，也不能消除作业场所的有害化学品，而只是一道阻止有害化学品进入人体的屏障。防护用品本身的失效就意味着保护屏障的消失，因此个体防护不能被视为控制危害的主要手段，而只能作为一种辅助性措施。

●保持卫生

保持卫生包括保持作业场所清洁和保持作业人员的个人卫生两个方面。经常清洗作业场所，对废物、溢出物加以适当处置，保持作业场所清洁，也能有效地预防和控制化学品危害。

作业人员应养成良好的卫生习惯，防止有害物附着在皮肤上，防止有害化学品通过皮肤渗入体内。

●防止燃烧、爆炸系统的形成

(1)替代

(2)密闭

(3)惰性气体保护

(4)通风置换

(5)安全监测

●**消除点火源**

能引发事故的火源有明火、高温表面、冲击、摩擦、自燃、发热、电气、静电火花、化学反应热以及光线照射等。消除火源的具体做法:①控制明火和高温表面;②防止摩擦和撞击而产生火花;③火灾爆炸危险场所采用防爆电气设备,避免电气火花。

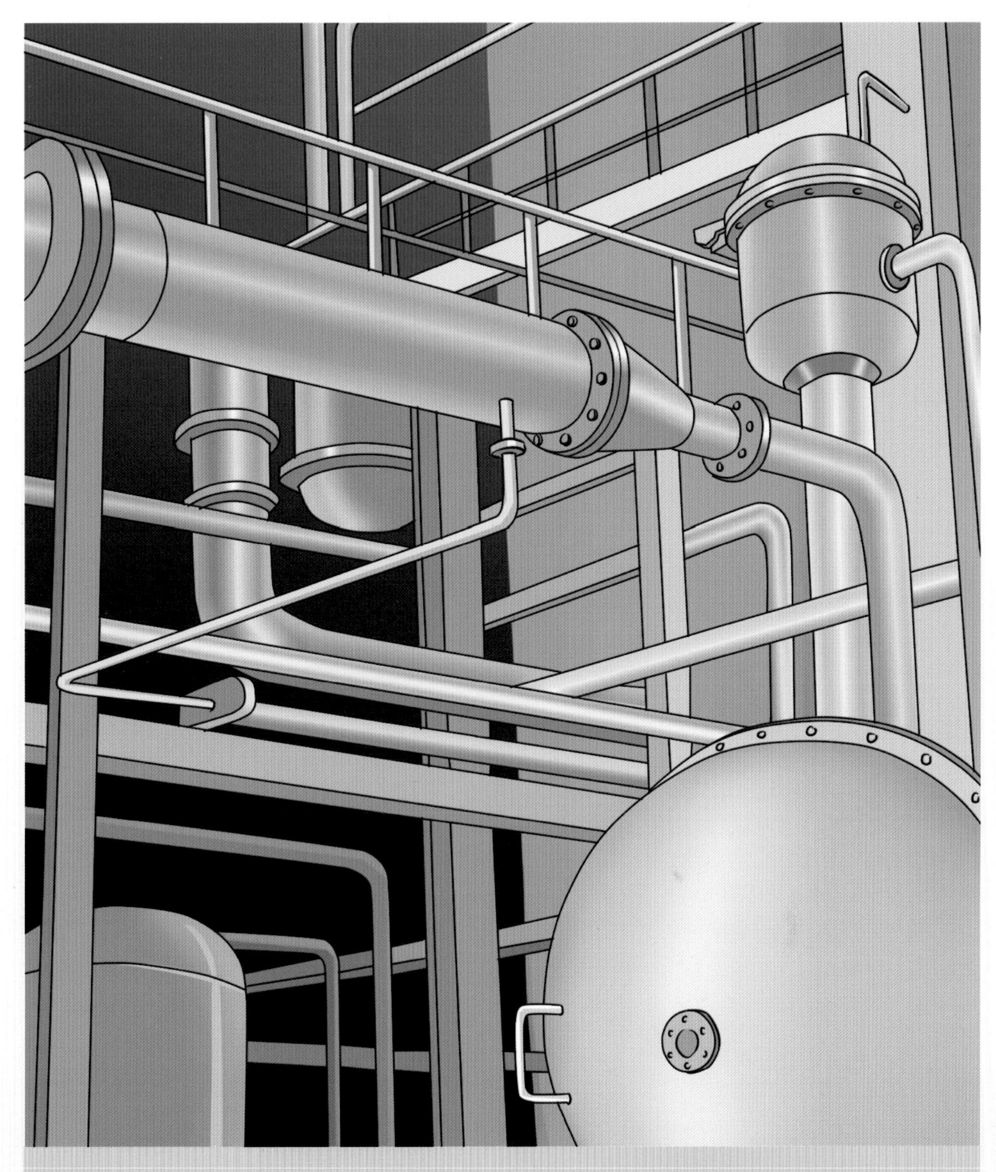

●限制火灾、爆炸蔓延扩散的措施

限制火灾、爆炸蔓延扩散的措施包括阻火装置、阻火设施、防爆泄压装置及防火防爆分隔等。

大多数易燃可燃液体导致的火灾都能用泡沫扑救，其中水溶性的有机溶剂则应用抗溶性泡沫。可燃气体导致的火灾可用二氧化碳、干粉、卤代烷（1211）等灭火剂扑救。有毒气体、酸碱液可用喷雾或开花水流稀释。遇火燃烧的物质及金属导致的火灾，不能用水扑救，也不能用二氧化碳、卤代烷（1211）等灭火剂，宜用干粉或沙土覆盖扑救。轻金属导致的火灾可采用7150轻金属灭火剂扑救。

当易燃物品部分燃烧，且可以用水或泡沫扑救的，应立即布置水枪或泡沫管枪等堵截火势，冷却受火焰烘烤的容器，要防止容器破裂，避免火势蔓延。如果燃烧物是不能用水扑救的化学品，则应采用相应的灭火剂，或用沙土、石棉被等覆盖，及时扑灭火灾。

火场如有爆炸危险品、剧毒品及放射性物品等受火势威胁时，必须重点突破，排除爆炸、毒害危险品。

要用强大的水流和灭火剂，消灭正在引起爆炸和其他物品燃烧的火源，同时冷却尚未爆炸和破坏的物品，控制火势对它的威胁。组织突击力量，设法保护和疏散爆炸、毒害危险品，为顺利灭火和成功排险创造条件。

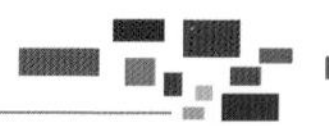

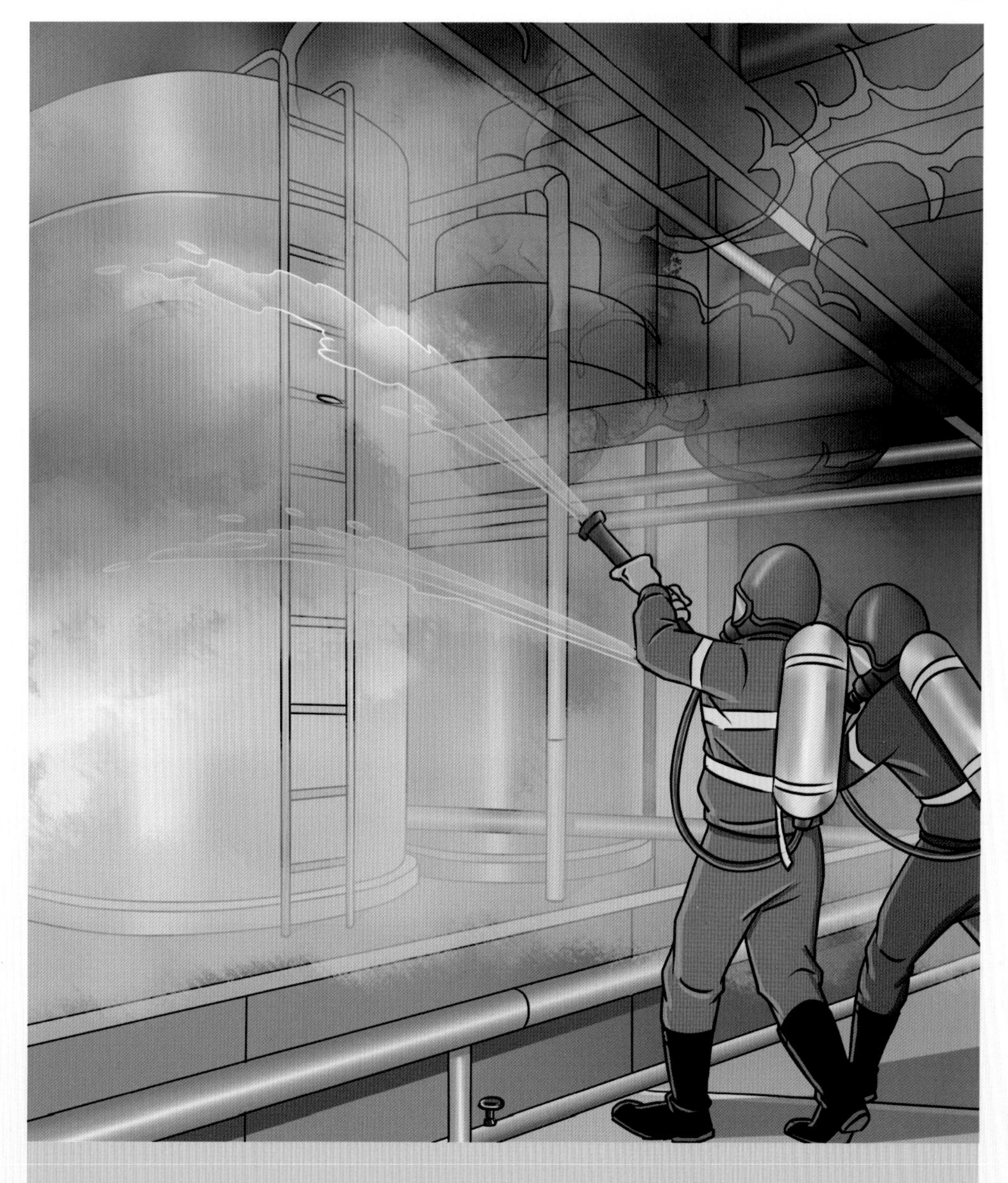

在灭火战斗中，要做好防爆炸、防火烧、防毒气和防腐蚀工作。

灭火人员要着隔热服或防毒衣，佩戴防毒面具或口罩、湿毛巾等物品，并尽量利用有利于灭火、排险的安全地形地物。在较大的事故现场，划出一定的“危险区”，未经允许，不准无关人员随便进入。

化学品事故成功处置后，要注意清理现场，防止某些物品没有清除干净而再次复燃。成功处置某些剧毒、腐蚀性物品火灾或泄漏事故后，要对灭火用具、战斗服装进行清洗消毒，参加灭火或抢险的人员要到医院进行体格检查。

运输安全

化学品公路运输常见的事故原因：①运输车辆违反规定私自改装，因改装技术不合格造成的事故；②驾驶人员违反交通规则、疲劳驾驶及酒后驾车等造成的事故；③驾驶人员和押车人员违反危险货物运输规定造成的事故。有关部门应加强安全监督，纠正各种交通违法行为，保障运输安全。

运输、存储时，相关人员应遵守规定，避免化学品震动、撞击、摩擦、受热及光照。

运输车辆保证安全状态对于预防事故的发生有重要的意义。

运输企业应使运输车辆处于良好的技术状态，各机构部件完整无缺，所配工具设施齐全、良好，档案齐备。车况达到“四不漏”(不漏油、不漏水、不漏气、不漏电)和“四净”(油净、水净、空气净、车辆净)。出车前应进行车辆检验。

汽车停放的要求

(1)不得停靠在机关、学校、厂矿、桥梁、仓库和人员稠密的地方。

(2)停车位置应通风良好,停车地点附近以及检修时,不得有明火。

(3)途中停车如果超过 6 小时,应在当地公安部门指定的安全地点或有《道路危险货物运输中转许可证》的专用停车场停放。

(4)停车时驾驶员和押运员不得同时离开车辆。

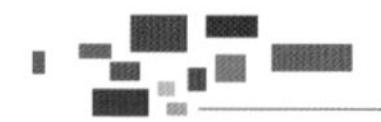

严防危险废物和危险化学品污染环境。

化学品环境管理执法检查重点：江河沿岸地区、饮用水源地等环境敏感区域的危险化学品生产企业；化工园区及化工企业集中区内的危险化学品生产企业；持有危险化学品生产许可证的危险化学品生产企业。

危险废物专项执法检查重点：危险废物重点产生单位、经营许可证持证单位、铬盐生产企业、多晶硅企业、电子废物拆解利用单位、污泥产生与处置单位。

化工产品使用完毕，切勿使用化工桶盛装任何食品或其他物料。如果桶内有残余物料，请勿对容器进行切割、打磨或烧焊。

严禁违法清洗、加工废弃化工桶。

废弃化工桶应由专业企业回收，丢弃废弃化工桶造成污染属于违法行为。

由于化工企业生产过程需要大量用水与排水，因此大量化工企业建在水边，一旦发生事故，将对当地乃至流域的生态环境、公共安全构成严重威胁。这类企业应按照有关部门的规定做好废气、污染物的治理工作，同时加快技术创新的步伐，节能降耗，减少废气及污染物排放。

化工水体污染，大多数是有机物污染和重金属污染，这些有毒有害污染物会通过饮水或食物链进入人体危害健康。有毒有害的污染物可引起急性中毒、慢性中毒和致癌、致畸、致突变的“三致”危害。饮用被镉污染的水后，可能造成肾、骨骼病变；饮用被铅污染的水后，可能引起贫血、精神错乱，危害儿童智力发育；饮用被砷、铬、苯并芘等物质污染的水后，可诱发癌症。因此，在大力保护水源免遭污染的前提下，绝对不能饮用各种被污染的水。

近年来，购买使用家用净水器的家庭、单位越来越多。许多人认为，家用净水器能够将污染的水净化，因此在发生饮水污染事件时，家用净水器可以保证自家饮水安全，可以放心使用。

这种认识是过于绝对的。

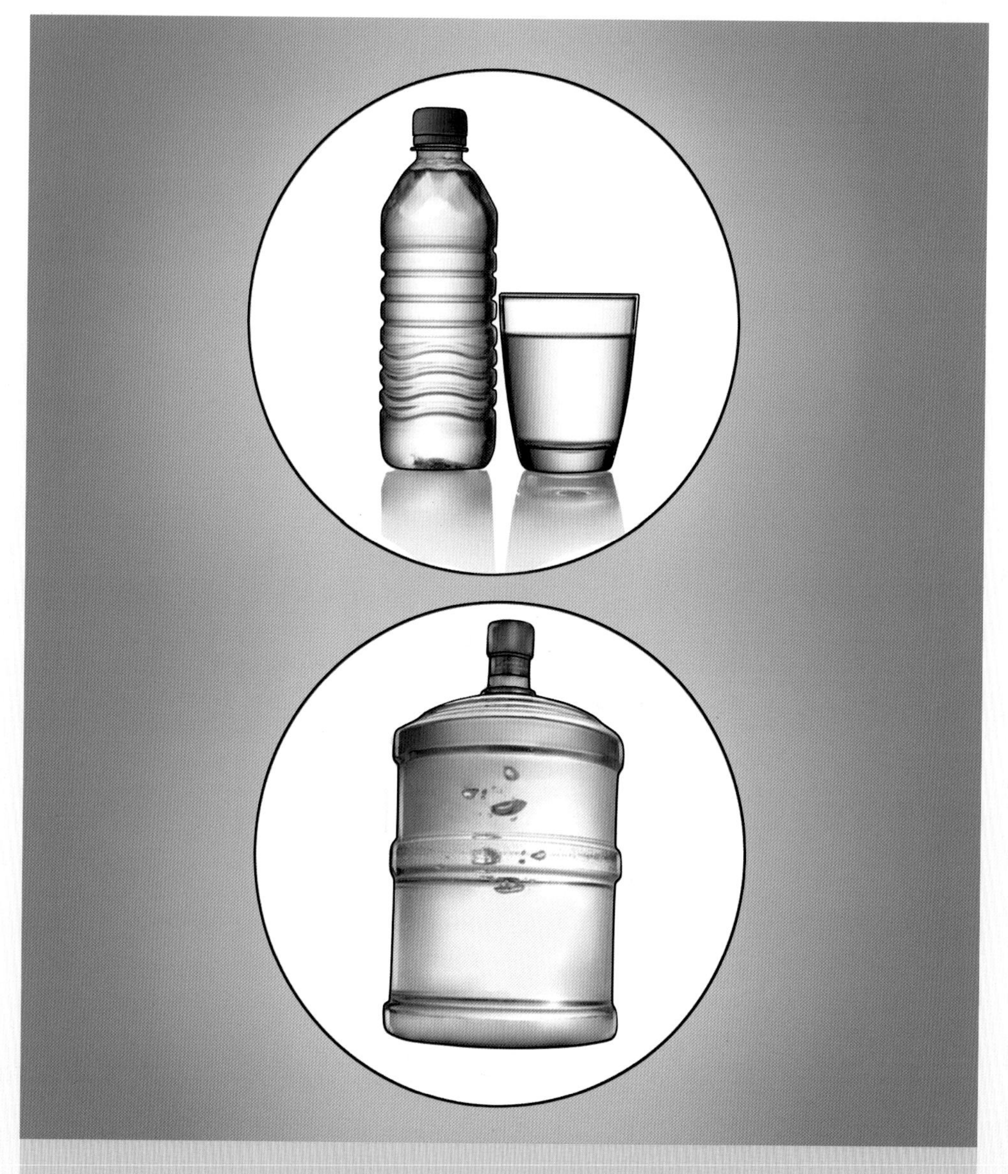

因此，当发生水污染事件时，为了保证自己与家人的安全，应听从政府安排，尽量饮用一次性的瓶装水，或政府提供的临时供水。如果真的出现水污染情况，在没有确认污染范围之前，请立即停止使用、饮用自来水，尽量去超市购买桶装、瓶装水备用。

如果不慎饮用了被污染的水，应密切关注身体有无不适。如出现异常，应立即到医院就诊。

化学对人类的贡献是巨大的，几乎遍布我们熟悉的各个方面，例如工业、电子电器、医药、农业、军事、能源等领域都离不开化学。

然而，化学不断发展进步的同时也对我们生存的地球造成了空前的破坏。所以我们在不断实现科技进步的同时，应保护环境、保护能源，为我们的子孙后代着想。

06检